Nordrhein-Westfälische Akademie der Wissenschaften

Natur-, Ingenieur- und Wirtschaftswissenschaften   Vorträge · N 448

Herausgegeben von der
Nordrhein-Westfälischen Akademie der Wissenschaften

FRIEDEL H. W. HOSSFELD

Komplexität und Berechenbarkeit:
Über die Möglichkeiten und Grenzen des Computers

Springer Fachmedien Wiesbaden GmbH

449. Sitzung am 6. Oktober 1999 in Düsseldorf

Die Deutsche Bibliothek – CIP-Einheitsaufnahme

Alle Rechte vorbehalten
© Springer Fachmedien Wiesbaden 2000
Ursprünglich erschienen bei Westdeutscher Verlag GmbH, Wiesbaden, 2000

Das Werk einschließlich aller seiner Teile ist urheberrechtlich geschützt. Jede Verwertung außerhalb der engen Grenzen des Urheberrechtsgesetzes ist ohne Zustimmung des Verlages unzulässig und strafbar. Das gilt insbesondere für Vervielfältigungen, Übersetzungen, Mikroverfilmungen und die Einspeicherung und Verarbeitung in elektronischen Systemen.

Gedruckt auf säurefreiem Papier.

ISSN 0944-8799
ISBN 978-3-531-08448-0   ISBN 978-3-663-14381-9 (eBook)
DOI 10.1007/978-3-663-14381-9

Inhalt

Friedel H. W. Hoßfeld, Jülich
Komplexität und Berechenbarkeit:
Über die Möglichkeiten und Grenzen des Computers

1. Rückblicke	7
2. Wechselwirkung der Technologie, Architektur und Mathematik	9
2.1 John von Neumanns „Digitaler Windkanal"	10
2.2 Das Wissenschaftliche Rechnen	11
2.4 Der Weg zur parallelen Rechnerarchitektur	13
3. Komplexität und Berechenbarkeit	17
3.1 Effiziente Algorithmen und harte Probleme	18
3.2 Die Turing-Maschine: Berechnungsmodell und Entscheidbarkeit	22
4. Jenseits der Grenzen	25
Literatur	27

1. Rückblicke

Es ist fast genau fünfundvierzig Jahre her, daß auf Einladung des großen nordrhein-westfälischen Forschungsstrategen der 50er Jahre, des damaligen Staatssekretärs Leo Brandt, John von Neumann hier einen stark nachwirkenden Vortrag hielt: Am 15. September 1954 sprach John von Neumann vor der Arbeitsgemeinschaft für Forschung, d. h. dem Vorgänger dieser Akademie, über das Thema „Entwicklung und Ausnutzung neuerer mathematischer Maschinen", und die Anwesenheitsliste und das Diskussionsprotokoll weisen aus, daß viele berühmte Mathematiker, Ingenieure und Physiker, aber auch Ministerialbeamte im Auditorium waren [1]. Denn Leo Brandt hatte John von Neumann nicht nur zu einem Kolloquiumsvortrag eingeladen, sondern ihn gebeten, eine ganze Woche für forschungspolitische Gespräche in Düsseldorf zu bleiben.

Es war die Zeit, als mit der wachsenden neuen Autonomie die Weichen für die Wiedererstarkung der deutschen Forschung gestellt werden mußten, und John von Neumann erschien aufgrund seiner europäischen Wurzeln und seiner forschungspolitischen Wirkung in den USA als ein kluger Ratgeber bei der Neugestaltung der Forschungslandschaft, insbesondere, was die Wechselwirkung der neuen – digitalen – Rechenmaschinen mit der Mathematik und ihren naturwissenschaftlichen und technischen Anwendungen anging, für die er in den 40er Jahren die entscheidenden Grundpfeiler gesetzt hatte [2, 3]. So erscheint es plausibel, daß der Besuch John von Neumanns im Jahre 1954 wesentlichen Anteil am Ursprung des Zentralinstitutes für Angewandte Mathematik in der Jülicher Forschungsanlage trägt, deren ursprüngliche Gründung als Großforschungszentrum des Landes Nordrhein-Westfalen im Jahre 1956 ja wohl vorrangig Leo Brandt zu verdanken ist.

Mit der Gründung des John von Neumann Institutes für Computing als von der Stiftung Deutsches Elektronen-Synchrotron DESY und dem Forschungszentrum Jülich gemeinsam getragenem Supercomputer-Zentrum für die deutsche Wissenschaft und Forschung würdigen wir die großen wissenschaftlichen Leistungen John von Neumanns in der Computerwissenschaft und Mathematik und seine wirkungsvollen Impulse auf die Anwendungen des Computers [4]. Das breite Spektrum seiner wissenschaftlichen Interessen förderte ganz unterschiedliche Naturwissenschaften und reichte, von der Mathematik und der Chemie ausgehend, über Rechnerarchitektur, Automaten- und Spieltheorie bis zur Quantenmechanik, Hydrodynamik und Meteorologie [5]. Die heute so vordringlich geforderte Interdisziplinarität war ihm auf ganz natürliche Weise zu eigen. Seine Motivation zur Entwicklung des Digitalrechners, dessen Architektur gleichwohl seinen Namen trägt, erwuchs aus den Anforderungen nichtlinearer Probleme, die das Verhalten komplexer Systeme bestimmen und die mit den begrenzten Mitteln der Analysis nicht mehr zu lösen waren. So kann die Definition des sequentiellen Digitalrechners durch John von Neumann in den Jahren 1946–1948 auch als Geburtsstunde der Computersimulation als dritter Säule wissenschaftlichen Forschens gelten.

Die Weiterentwicklung seines Rechnerentwurfes hat in den Jahrzehnten seitdem zu fruchtbarer Vielfalt der Rechnerarchitekturen geführt. Nach meinem vor exakt fünfzehn Jahren vor der Klasse für Natur-, Ingenieur- und Wirtschaftswissenschaften gehaltenen Vortrag über „Parallelrechner – die Architektur für neue Problemdimensionen" hat sich der technologische Fortschritt der Mikroelektronik weiter exponentiell beschleunigt. Die Anwendungsfelder der Computer scheinen grenzenlos zu sein. Computer schaffen mathematische Lösungen, schalten weltweite Netzwerke, steuern Kraftwerke, leiten Flugzeuge, fliegen Raumschiffe; sie schlagen Schachgroßmeister, bauen virtuelle Welten und schaffen musikalische Räume gleichwohl. Und in der Tat steigern Technologie, Informatik und Mathematik die Computerleistung in exponentielle Höhen – die TeraFlops (Billion Gleitkommaoperationen pro Sekunde) werden gerade von den neuen Parallelrechnern markiert; eine Grenze auch dieser Entwicklung scheint nicht in Sicht. Die Ubiquität des Computers suggeriert Omnipotenz! Doch existieren fundamentale Grenzen. Schon als Entwurf und Wirklichkeit des Computers noch fern waren, lieferten abstrakte Maschinenmodelle und Konzepte der Berechenbarkeit darin tiefe Einsichten; ihr Ursprung liegt in den 30er Jahren in dem Werk von Logikern, von Kurt Gödel, Alan Turing, Alonzo Church, Emil Post und anderen [6, 7].

Die Komplexitätstheorie liefert das Rüstzeug dafür, die Kosten der algorithmischen Lösung eines Problems – gemessen in Zeit, Speicherplatz und Kommunikation – im Rahmen eines formalen Berechnungsmodelles zu verstehen. Daraus ergibt sich, daß sich auch einfach erscheinende Fragestellungen der exakten Behandlung auf dem Computer dadurch entziehen, daß ihre Algorithmen praktisch unendlich viel Rechenzeit verlangen. Andere Probleme gar sind unentscheidbar. Bei allem Optimismus hinsichtlich der zukünftigen Entwicklung des Digitalrechners, die der 1957 allzu früh verstorbene John von Neumann nur erahnen konnte, waren ihm diese grundlegenden Schranken des Computers wohl bewußt; denn wie John von Neumann und Albert Einstein waren Kurt Gödel und Alonzo Church seit den 30er Jahren Mitglieder des Institute for Advanced Study in Princeton, und Alan Turing kam mit seiner bahnbrechenden Arbeit in der Zeit von 1938 bis 1939 als Gast nach Princeton.

2. Wechselwirkung der Technologie, Architektur und Mathematik

Vor 500 Jahren, 1492, wurde Adam Riese in Staffelstein in Franken geboren, dessen „zweites Rechenbuch" von 1522, das in 140 Jahren 106 Auflagen erfahren sollte [8], das schriftliche Ziffernrechnen für das *Addirn, Subtrahirn, Duplirn, Medirn, Multiplicirn* und *Diuidirn* als neue „Technologie" – wie man wohl heute sagen würde – auf breiter Front einführen konnte; dies wäre ohne die Gutenbergsche Erfindung des neuen „Mediums" Buchdruck nicht möglich gewesen: Zur innovativen Methode mußte das tragende Medium kommen!

Als Adam Riese sein Buch schrieb, stand das Werk von Nikolaus Kopernikus *De revolutionibus orbium coelestium* ungedruckt auf dem päpstlichen Index; Galileo Galilei wurde 1592 Mathematiker in Padua, Johannes Kepler 1594 Mathematiker in Graz, Tycho Brahe 1599 kaiserlicher Astronom in Prag. Der Bedarf der Astronomie an numerischen Berechnungen wuchs zunehmend. Das gab den Anstoß für vielfältige Versuche zur Mechanisierung dieser arithmetischen Grundoperationen – so auch dem Theologen Wilhelm Schickard, dessen Geburtstag sich 1992 zum vierhundertsten Male jährte. Kepler soll mit den Schickardschen Rechenmaschinen sehr zufrieden gewesen sein. Ohne Zweifel war schon in jener Zeit das *wissenschaftliche* Rechnen ein Motor der „Rechnerentwicklung", wie ja wohl historisch das Rechnen mit Zahlen durch die Astronomie und ihren hohen wissenschaftlichen Stand in den frühen Hochkulturen im asiatisch-arabischen Raum seine Entwicklungsschübe erfahren hat. Nicht zuletzt trägt eines der wesentlichen Elemente des Rechnens heute, der Algorithmus, seinen Namen nach einem der wohl prägendsten Mathematiker aus dem arabischen Kulturkreis, Abu Ja'far Mohammed ibn Musa *al-Khowarizmi*, der um 825 in Bagdad wirkte und auf dessen Lehrbuch „Kitab al jabr w'al-muqabala" auch der Begriff Algebra zurückgeht. Die Frage, warum es bis zur Renaissance dauerte, daß das mathematische Wissen in Zentraleuropa öffentlich wurde, könnte Augustinus beantworten (A.D. 404 in einer Streitschrift gegen Manichäer): „Im Evangelium liest man nicht, daß der HERR gesagt hätte: Ich schicke euch den Heiligen Geist, damit er euch über den Lauf von Sonne und Mond belehre. ER wollte Christen machen, nicht Mathematiker!"

Der Antrieb aus der Wissenschaft hat sich – von Pascal, Descartes, Leibniz und Babbage über Zuse, Aiken, Mauchly und Eckert bis Piloty und Cray, um den Brückenbogen nur über diese wenigen Pfeiler der Rechnertechnik zu spannen – bis ans Ende dieses Jahrhunderts zunehmend verstärkt. Vor einem halben Jahrhundert, 1946, präsentierte John von Neumann, aufbauend auf den Computerkonzepten und Pionierarbeiten seiner amerikanischen Kollegen in den letzten Kriegsjahren, sein Manifest über die Notwendigkeit des Digitalrechners [9]; bis 1948 entwarf er dessen Architekturprinzipien [10–13], deren technische Umsetzbarkeit den unaufhaltsamen Erfolg des Computers seitdem ausgemacht hat.

Aber wie bei Adam Riese mußte zu den theoretischen Grundlagen – nämlich dem von Leibniz im frühen 18. Jahrhundert entwickelten System der Dualzahlen und ihrer Binärdarstellung, der von Boole im 19. Jahrhundert entworfenen Schaltalgebra und ihrer exponentiellen Funktionsvielfalt einerseits sowie den Normalformen und den von DeMorgan abgeleiteten, für die weitere technische Entwicklung so entscheidenden Gesetzen andererseits, sowie der Integration dieser Grundlagen in ein geniales Computerkonzept durch John von Neumann – das die Massenproduktion und die technische Weiterentwicklung leistende „Medium" kommen: die Mikroelektronik, deren „Atom", der Transistor, 1947 von Bardeen, Brattain und Shockley erfunden wurde und durch die Erfindung der Lithographietechnik durch Noyce 1959 den Weg in die Uniformisierung und Miniaturisierung wies. So wurde die unermeßliche Verdichtung bei den Speicher- und Logikbausteinen möglich. 1970 baute Intel den ersten Mikroprozessor. Der exponentielle Prozeß der Miniaturisierung in der Halbleitertechnologie wird seitdem bestimmt durch *Moore's Law*, das die technische Entwicklung des heutigen Personal Computer mit dem den *Home-Computer* ermöglichenden Preisverfall und die Vernetzung im *Internet* genauso bestimmt wie die Leistungssteigerungen bei den Supercomputern [14–17].

2.1 John von Neumanns „Digitaler Windkanal"

Es ist also etwas mehr als 50 Jahre her, daß John von Neumann – gemeinsam mit seinen Kollegen Goldstine und Burks – die Notwendigkeit der Entwicklung des Digitalrechners artikulierte und gleichzeitig dessen Entwurfsprinzipien darlegte. Sein Anstoß war die Stagnation der analytischen mathematischen Methoden zur Lösung partieller Differentialgleichungen, vornehmlich in der Strömungsdynamik, und er wollte mit seinem neuen Konzept des sequentiellen Digitalrechners, dessen Flexibilität seitdem den breiten Durchbruch des Computers in Wissenschaft, Wirtschaft und Gesellschaft bestimmt hat, den „digitalen Windkanal" schaffen, um mit numerischen Methoden und der Simulation der komplexen Strömungsprozesse im Computer die Barriere der Stagnation zu durchbrechen. In einem denkwürdigen Vortrag über „High-Speed Computing Devices and Mathematical Analysis" beim First Canadian Mathematical Congress im Juni 1945 identifizierte John von Neumann erstmalig die *numerische* Hydrodynamik, auszuführen auf elektronischen Digitalrechnern, als ein Schwerpunktgebiet zukünftiger Forschung. Diese Vorstellungen präsentierte er mit seinem epochemachenden Positionspapier „On the Principles of Large Scale Computing Machines" im Mai 1946 dem Mathematical Computing Advisory Panel des Office of Research and Inventions im Navy Department in Washington [9]. Damals faßte er die Situation der theoretischen Hydrodynamik so zusammen: „The advance of analysis is, at this moment, stagnant along the entire front of nonlinear problems. ... Mathematicians had nearly exhausted analytic methods which apply mainly to linear differential equations and special geometries".

John von Neumann schlug vor, daß man die analytischen durch numerische Methoden ersetzen und die Entwicklung der Digitalrechner und ihre Nutzung fördern solle, da digitale Maschinen viel schneller gemacht und mit höherer Flexibilität und Genauigkeit ausgestattet werden könnten als Analogrechner, zu denen er auch die damals für Strömungsexperimente weithin gebrauchten Windkanäle zählte. John von Neumann wollte, wie gesagt, den *Digital Windtunnel*. Er erwartete, daß wirklich effiziente digitale Hochleistungsrechner den toten Punkt bei den rein analytischen Methoden zur Behandlung nichtlinearer Probleme überwinden würden und daß aus der derart numerisch erschlossenen Hydrodynamik die mathematische Durchdringung des Gebietes der nichtlinearen partiellen Differentialgleichungen stimuliert werden könnte, indem sich aus den Computerresultaten jene heuristischen Fingerzeige ergäben, die von jeher in allen Bereichen der Wissenschaft für echte Fortschritte sorgten und so auch in der Hydrodynamik den Schlüssel für entscheidende mathematische Ideen liefern könnten.

2.2 Das Wissenschaftliche Rechnen

Das Jahr 1946 ist somit das Geburtsjahr einer grundlegend neuen Methodik, die sich unter dem internationalen Namen „Computational Science & Engineering" zur dritten, Theorie und Experiment ergänzenden Kategorie wissenschaftlichen Forschens entwickelt hat („virtuelles Labor"); sie ist gleichzeitig auf dem Wege, für die Industrie ein unverzichtbares Instrument zur Optimierung der Produktzyklen zu werden („virtuelles Produkt"). Ihre Methode ist die Simulation, ihr Instrument der Supercomputer! Der wissenschaftliche Fokus von *Computational Science & Engineering,* deren strategische und inhaltliche Spannweite im Deutschen mit dem umfassenden Begriff „Wissenschaftliches Rechnen" eingefangen wird, zielt auf komplexe Systeme, das heißt auf Probleme, die mit den analytischen Methoden und mit den üblichen Computer-Ressourcen einer Lösung nicht näher gebracht werden können. Die wachsende Komplexität der Systeme und Prozesse in Forschung und Technik stellt gleichermaßen steigende Anforderungen an die Genauigkeit der mathematischen Modellbildung, an die Effizienz der numerischen (und nichtnumerischen) Methoden und an die Innovationskraft der Computerarchitektur. Sie erfordert daher im Verbund mit effizienten Algorithmen, Software-Werkzeugen und Programmiermodellen große Leistungssprünge in den Computer-Architekturen.

Die Entwicklung der Mathematik von Differentialgleichungen – und Variationsmethoden – begann mit der Entwicklung der neueren Astronomie und Physik und war von Anbeginn diesen Wissenschaften aufs engste verbunden. Entsprechend der Vielfalt und Schwierigkeit der behandelten Aufgaben haben sich die großen Mathematiker und Physiker des 18. und 19. Jahrhunderts zunächst wissenschaftlich interessanten und auch technisch brennenden Einzelfragen zugewandt. Sie gelangten zwar noch nicht zu einer geschlossenen Theorie der partiellen Differentialgleichungen, doch spiegeln großartige Lehrbücher der theoretischen Physik die Schönheit und Harmonie in den Differentialgleichungen der Physik. Die Entwicklungsgeschichte der Mathematik der partiellen Differentialgleichungen und der Variationsrechnung – und auch teilweise ihrer engen physikalischen Bezüge – über die letzten hundert Jahre haben Bemelmans, Hildebrandt und von Wahl in der Festschrift zum Jubiläum der DMV „Ein Jahrhundert Mathematik 1890–1990" in eindringlicher Weise dargestellt [18]. Eine gleichermaßen wertvolle Bilanz hat Birkhoff hinsichtlich der Probleme und Lösungen in der Strömungsdynamik geliefert [19]. In diese Wertung bezieht Birkoff über die Entwicklung der Analysis der partiellen Differentialgleichungen hinaus den Ursprung und den Fortgang der numerischen Methoden für Strömungsprobleme, der *Computational Fluid Dynamics* (CFD), ein. Ergänzt wird seine Sicht noch durch seinen Beitrag zu dem ohnehin lesenswerten Buch „A History of Scientific Computing", das Stephen G. Nash herausgegeben hat [20]; er würdigt dabei insbesondere den die folgenden Jahrzehnte prägenden Einfluß John von Neumanns.

John von Neumann hat entscheidend dazu beigetragen, daß die konzeptionelle und methodische Unsicherheit in den Jahrzehnten nach 1946 allmählich aufgehoben wurde und auch eine gewisse Aussöhnung zwischen Experiment und mathematischer Analysis zustande kam. Die Computersimulation entwickelte sich in der Tat zunehmend zu der nützlichen Quelle der Einsicht in die Prozesse der Strömungsmechanik, wie sie sich von Neumann erhofft hatte. Aus diesen wichtigen Fragestellungen höchster Komplexität erwächst erneut die Einsicht, daß die Lösung partieller Differentialgleichungen für die Modellierung die Wissenschaft vor permanente Herausforderungen stellt – und dies trotz der unzweifelhaft großen Fortschritte in der numerischen Lösung partieller Differentialgleichungen und der dramatisch gestiegenen Leistung der Supercomputer [21].

Computational Science & Engineering hat sich als „Inter-Disziplin" aus mathematischer Modellierung, Computersimulation und Visualisierung (Hamming, 1962: *The purpose of computing is insight, not numbers!*) zu einer strategischen Schlüsseltechnologie entwickelt, die in den USA inzwischen an vielen renommierten Universitäten zu neuen Curricula geführt hat [22]. In der Industrie ist die Design-Optimierung zur Verbesserung der Produkte und zur Beschleunigung der Entwicklungszyklen – eine zunehmend wichtigere Qualität im internationalen Wettbewerb – ein bedeutender Wirtschaftsfaktor, die Kompetenz im wissenschaftlichen Rechnen daher ein unverzichtbarer Standortfaktor geworden. Die neuen strategischen Förderprogramme der USA, ASCI (Accelerated Strategic Computing Initiative), HPCMP (High Performance Computing Modernization Program) und PACI (Partnerships for Advanced Computational Infrastructure), werden dort erneut Innovationsschübe auslösen [23–26].

2.3 Der Weg zur parallelen Rechnerarchitektur

Es mag ein Merkmal des damals herrschenden Optimismus hinsichtlich der zukünftigen Fähigkeiten des Computers sein, daß dort vom „Arithmetic Organ" und vom „Memory Organ" die Rede ist [9–13]; auf jeden Fall war 1948 durch von Neumann das neue Konzept der digitalen Maschine definiert, das den Durchbruch des Computers schaffte. Es muß jedoch angemerkt werden, daß sich im weiteren Verlauf der Rechnerentwicklung die Erwartungen der Wissenschaft zunächst nicht erfüllten [27]. Jedoch verbesserte sich nach 1970 die Situation nicht nur im Hinblick auf das Spektrum der für technisch-naturwissenschaftliche Anwendungen entworfenen Computer, sondern auch der Markt für Supercomputer wandelte sich. Bild 1 spiegelt die dramatische Entwicklung anhand der Wechselwirkung zwischen Rechnerarchitektur und Algorithmenentwicklung wider [28].

Dabei stützte sich das Wissenschaftliche Rechnen seit den 70er Jahren als eine Antwort auf die frühen Herausforderungen der partiellen Differentialgleichungen zunehmend auf die Vektorrechner ab, die den „von Neumann-

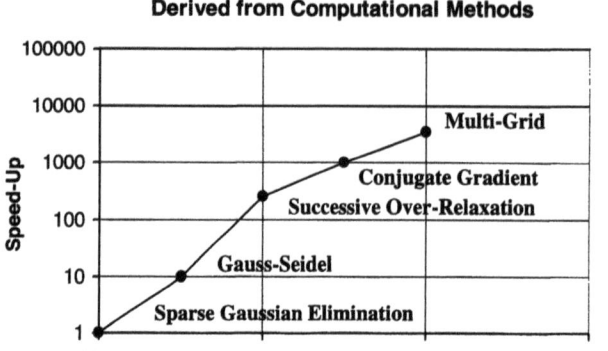
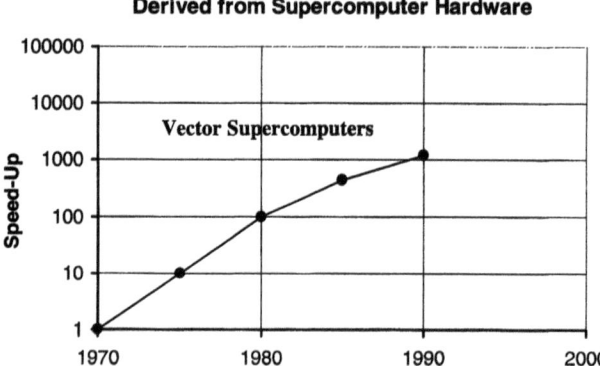

Abb. 1: Leistungsverbesserungen durch numerische Verfahren und Vektorsupercomputer in den Jahren 1970–1990 (Quelle: US HPCC Program)

schen Flaschenhals" der Sequentialität – die maßgebliche Qualität für den breiten Erfolg des Computers schlechthin – durch das Prinzip des Pipelining aufweitete und insbesondere mit der von Seymour Cray konzipierten Architekturlinie der CRAY-1, CRAY-2 und CRAY X-MP und ihrer Weiterentwicklungen am Markt außerordentlich erfolgreich war, bis die japanische Konkurrenz mit ihren Vektorrechnern in den 90er Jahren spürbar wurde [29]. Aber schon 1982 machte Cray Research den Schritt zu Mehrprozessor-Vektorrechnern und damit in die Parallelverarbeitung. Damit ging auch die rechtzeitige Entwicklung zu offenen Systemen einher, wie sie sich in Unix-basierten Betriebssystemen und der Unterstützung der TCP/IP-Kommunikation manifestiert – zwei innovative Strömungen, die wie das Internet und WWW aus der Welt der Wissenschaft und Forschung kommend die Entwicklung des Com-

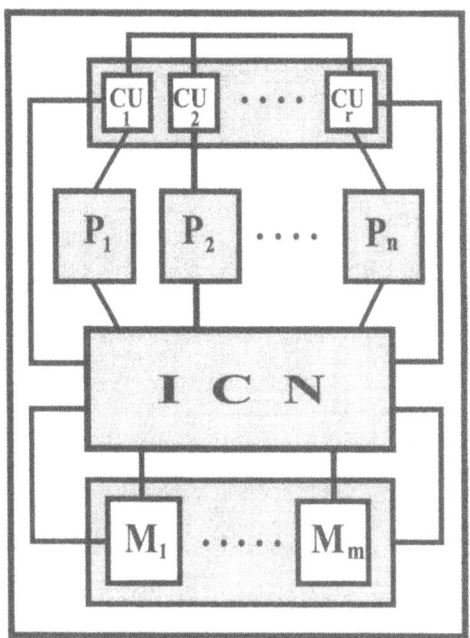

Abb. 2: Struktur der Parallelrechner mit gemeinsamem Hauptspeicher (CU_i = Leitwerk (Control Unit); P_k = paralleler Prozessor; ICN = Verbindungsnetzwerk (Interconnection Network); M_n = Hauptspeicherbank)

puting auf einer breiten Wellenfront, von den Workstations bis zu den Netzwerken, in die Zukunft getragen haben.

Die Zukunft wird auf lange Zeit den Parallelrechnern gehören, und in der Tat läßt sich derzeit keine realistische technische Alternative erkennen. Dabei stehen die Architekturen mit gemeinsamem Hauptspeicher (Bild 2) heute neben den Parallelrechnern mit verteiltem Speicher (Bild 3), deren Stärke primär auf der Leistungssteigerung der Mikroprozessoren und der Integrationsdichte der Speicherchips beruht.

Die Zusammenführung beider Konzepte in die aufkommenden massivparallelen SMP-Cluster-Architekturen erst macht den Sprung über die heute von den Parallelrechnern angepeilte Leistungshürde der Teraflops (1000 Milliarden Gleitkomma-Operationen pro Sekunde) möglich (Bild 4); diese Hürde wird gerade von den für das ASCI-Programm konzipierten Parallelrechnern genommen. Viele Ideen konnten schon zunächst konzeptionell, zunehmend aber auch durch Implementierungen wirkungsvoll umgesetzt werden. Ein gravierendes Problem aber ist das Programmiermodell: Während vom sequentiellen Monoprozessor herkommend bei den Multiprozessoren,

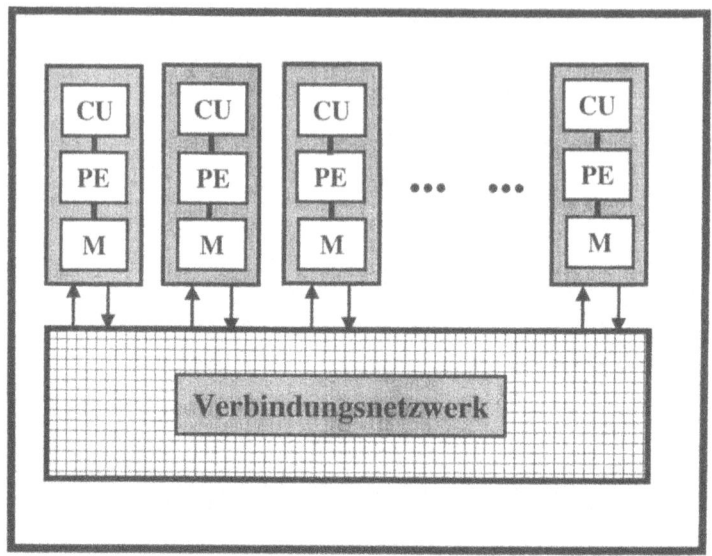

Abb. 3: Struktur der Parallelrechner mit verteiltem Speicher (CU = Leitwerk (Control Unit); PE = Prozessorelement; M = (lokaler) Hauptspeicher)

Abb. 4: Struktur der SMP-Cluster-Architekturen massiv-paralleler Rechner (SMP = Symmetric Multiprocessors; ICN = Verbindungsnetzwerk innerhalb des SMP-Knotens; ShM = SMP-Shared Memory; G-ICN = globales Verbindungsnetzwerk zwischen den SMP-Knoten)

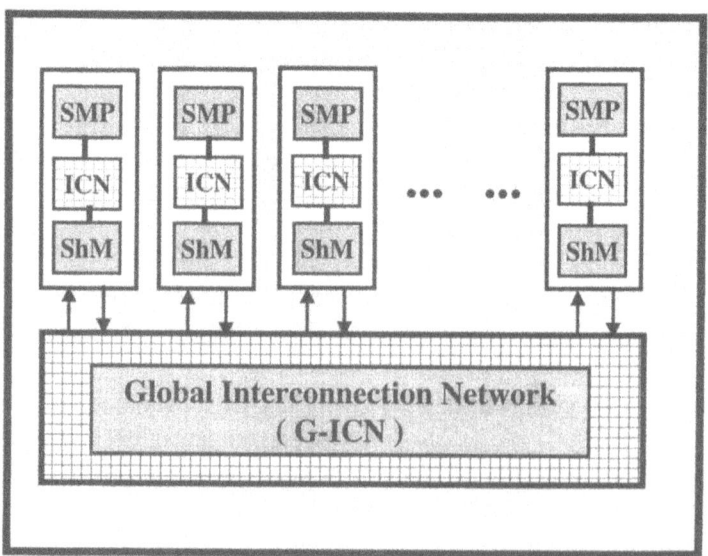

und das heißt auch noch bei den Parallel-Vektor-Prozessoren, der gemeinsame Hauptspeicher für das Programm und den Programmierer *einen* logischen Adreßraum bot, forderte der Übergang zu massiv-parallelen Rechnern mit verteiltem Hauptspeicher und die damit qualitativ und quantitativ neue Aufgabe der Datenkommunikation über komplexe Verbindungsnetzwerke zwischen den Prozessoren zunächst auch den Verlust des einheitlichen Adreßraumes und damit die explizite Programmierung der Kommunikationsschritte, die das nunmehr parallele Programm mit der Arbeitsverteilung verlangte: Das sogenannte Message Passing mit dem Standard MPI wurde zum zwar leistungsfähigen, aber komplizierten Programmiermodell für heutige Parallelrechner. Forschung und Entwicklung arbeiten daher an der Rückgewinnung des globalen Adreßraumes für Parallelrechner [30]: „virtueller" gemeinsamer Speicher!

Der Entwurf paralleler Algorithmen bleibt die große Herausforderung an die Mathematik und Informatik. Die Schwierigkeiten gründen in den qualitativ und quantitativ neuartigen Anforderungen an die infolge der Arbeitsverteilung auf die parallelen Prozessorelemente nunmehr notwendige Kommunikation und die dadurch bedingten engen Wechselbeziehungen zwischen Rechnertopologie und Algorithmus. Es ist unmittelbar einsichtig, daß die unterschiedlichen Datenflußstrukturen der Algorithmen (z. B. der Fast Fourier Transform und der Mehrgittermethoden) sich nicht gleichermaßen gut auf ein fest vorgegebenes Verbindungsnetzwerk zwischen den Prozessoren abbilden lassen. Hinzu tritt das Problem der Lastbalance. Große Programme setzen sich aber in der Regel aus sehr verschiedenen Algorithmen zusammen; sie sind algorithmisch heterogen. Die Erfahrungen mit den verschiedenen Supercomputer-Architekturen und ihren Stärken und Schwächen, die technologischen Hindernisse für größere Leistungssprünge bei der Vektorverarbeitung, die große Schwankungsbreite in den Leistungsdaten für Algorithmen auf verschiedenen Parallelrechnern führen so zur Idee des *heterogenen* Rechnens und der *heterogenen* Computer [31].

3. Komplexität und Berechenbarkeit

Der Rechnermarkt ist gerade in den letzten Jahren durch erhebliche strukturelle Turbulenzen gekennzeichnet. Schon H. H. Goldstine hat gesagt: „*The history of computers is littered with Australopithecanes, the deviant apes that anthropologists keep finding: little evolutionary lines that don't lead anywhere*" [2, S. 267]; und in der Computerindustrie ist ein lange befürchteter und anhaltender „Shake-out" im Gange. Technologie und globaler Wettbewerb führen zu drastischem Preisverfall bei Workstations und PCs; das rigide Gebäude der Monopole in der Kommunikation wird abgetragen, neue Kräfteverhältnisse etablieren sich national und international [32]. Gleichzeitig steigern Technologie, Informatik und Mathematik die weltweite Expansion des Internet, die Zahl der angeschlossenen Rechnerknoten und der Client-Rechner sowie ihre Leistungsfähigkeit in exponentiellen Skalen – die TeraFlops (Billion Gleitkomma-Operationen pro Sekunde) werden gerade von den neuen Parallelrechnern markiert –, und eine Grenze dieser Entwicklung ist nicht in Sicht [32–34]. Von daher suggeriert die erlebte Geschichte des Computers – die Durchdringung unserer Gesellschaft und ihre jetzt schon sehr weitgehende Abhängigkeit vom Computer, der Siegeszug des PC im Verbund mit dem exponentiellen Wachstum des Internet, die großen Leistungssprünge der Supercomputer – mit der Ubiquität des Computers, wie bereits vorne festgestellt, seine anscheinende Omnipotenz.

3.1 Effiziente Algorithmen und harte Probleme

Doch existieren fundamentale Grenzen: Schon als Entwurf und Wirklichkeit des Computers noch fern waren, lieferten abstrakte Maschinenmodelle und Konzepte der Berechenbarkeit darin tiefe Einsichten [35, 36]. Die Fortschritte in der Computertechnologie und -architektur einerseits und in der Entwicklung sequentieller und paralleler Algorithmen seit den 50er Jahren andererseits haben diese Grenzen zunächst vergessen lassen. Schöne und effiziente numerische Algorithmen konnten geschaffen werden, deren Zeitgewinne mit denen der Informationstechnik leicht Schritt halten und deren Effekte somit multiplizieren konnten. Hier sei nur an die Entwicklung bei der Fourier-Transformation [37] von der DFT mit dem Zeitaufwand $O(N^2)$ über die sequentielle Fast-Fourier-Transformation mit $O(N \log N)$ zur parallelen FFT mit $O(\log N)$ und an den Durchbruch bei der Lösung partieller Differentialgleichungen durch die Mehrgittermethoden erinnert [38].

Auch für nichtnumerische Fragestellungen gelangen effiziente, auch parallele Algorithmenentwürfe, die ermutigten, kompliziert erscheinende Probleme, zum Beispiel aus der Logistik, anzugehen, hatte doch Euler schon 1736 durch die Übertragung des angeblich von Kant, wohl aber eher vom damaligen Danziger Bürgermeister gestellten „Königsberger Brückenproblems" in die graphentheoretische Darstellung (Bild 5) den Weg zu einfachen Lösungen gezeigt [39, 40]. Doch dieser Anschein trog. Schon die dem Königsberger Brückenproblem so sehr ähnlich anmutende Frage nach einem geschlossenen Rundweg in einem Graphen, dessen Route aber nur genau ein-

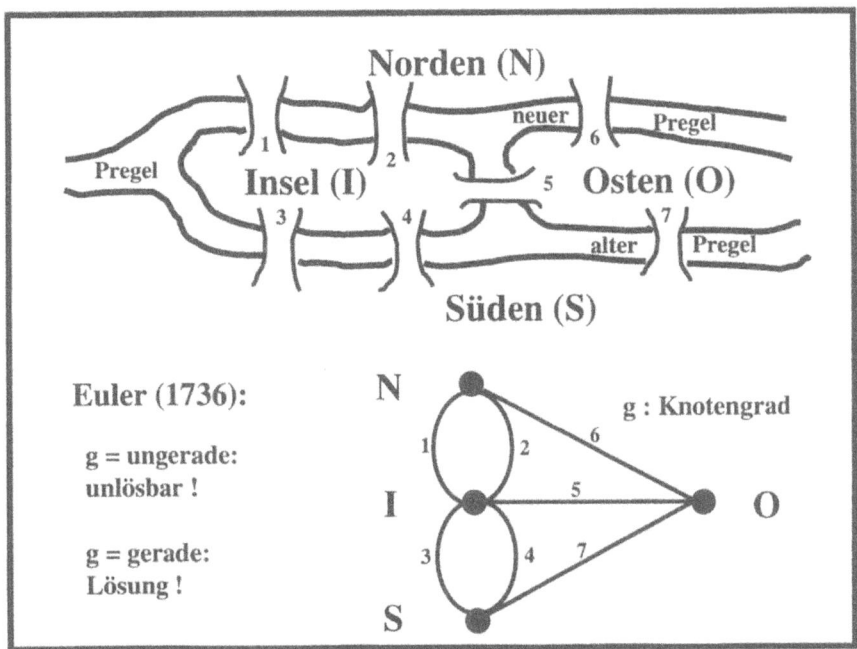

Abb. 5: Das „Königsberger Brückenproblem" und Eulers graphentheoretische Darstellung zu dessen Lösung über den Grad g der Knoten

mal durch jeden der N Knoten dieses Graphen geht (Bild 6), führte auf das Gebiet der „harten Probleme" (*intractable problems*). Für deren Lösung lassen sich bis heute keine „vernünftigen" Algorithmen finden, die von der (hyper)exponentiellen Zahl der Berechnungsschritte, welche die direkte Lösungsmethode der Abprüfung aller Möglichkeiten ergibt, zu einer – wie hier von der Knotenzahl – nur polynomial abhängenden Rechenzeit (*tractable problems*) führten. Dieses Problem der geschlossenen Rundtour, des Hamiltonschen Weges oder Hamilton-Zyklus, ergibt für die Lösungsschritte: $T(N) = O(N!)$. Damit explodiert der Lösungsaufwand für solche nichtpolynomialen Probleme aber bereits für vergleichsweise kleine N.

Daß von diesen grundsätzlichen Schranken für die Problemlösung nicht nur „akademische" Fragestellungen betroffen sind, zeigt das Travelling-Salesman-Problem und seine durch logistische Zusatzbedingungen gesteigerten diffizilen Optimierungsvarianten [41]. Für die Praxis helfen bei diesen harten Problemen nur Heuristiken, bei denen sich die schwierige Frage stellt, wie nahe sie den exakten Lösungen kommen können [42], so daß gelegentlich Umberto Eco

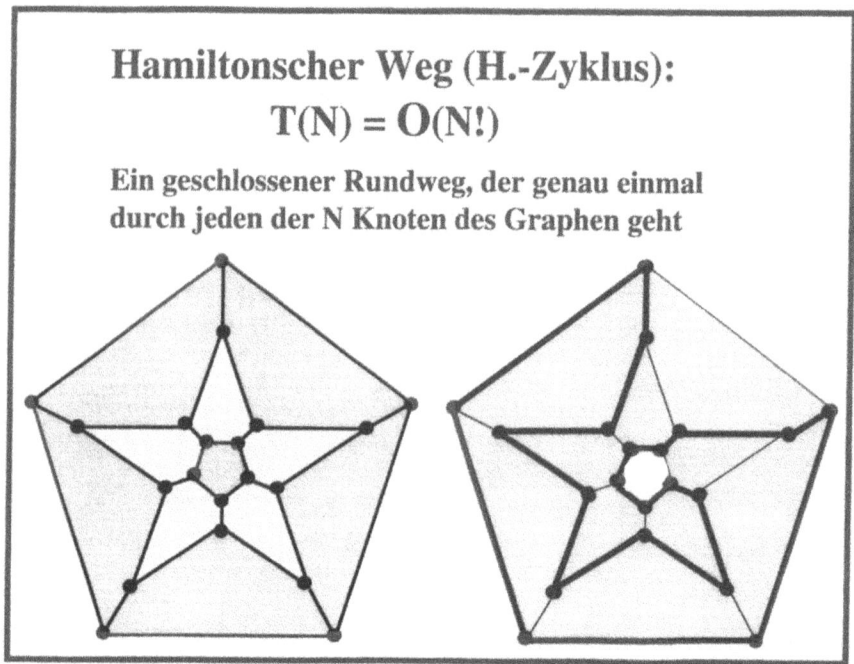

Abb. 6: Hamiltonscher Weg (Hamiltonscher Rundweg oder Zyklus) als hartes Problem der Algorithmik mit der Zeitkomplexität T(N) = O(N!); links: Ausgangsgraph aus N Knoten und M Kanten; rechts: Hamiltonscher Rundweg (durch die dicken Kanten markiert)

angebracht erscheint: „Jedes komplexe Problem hat eine einfache Lösung – und die ist falsch!"

Der Algorithmenentwurf führte so spätestens in den 60er Jahren in die „Komplexitätstheorie", d. h. in das neue Gebiet der Analyse von mathematisch definierbaren Problemen hinsichtlich des Bedarfes möglicher Lösungsalgorithmen an den Ressourcen Rechenzeit und Speicherplatz sowie – bei parallelen Algorithmen zusätzlich – Kommunikation. Diese funktionale Abhängigkeit solchen Ressourcenbedarfes von der Größe der bestimmenden Eingangsdaten heißt in der Algorithmik: Komplexität, also Zeit-, Speicher- und Kommunikationskomplexität [35, 43, 44]. Sie hat sich zu einer bedeutenden Disziplin der theoretischen Informatik entwickelt, die sehr bald mit grundsätzlichen Fragen konfrontiert wurde, wie sie schon in den Arbeiten von Alan Turing aus den 30er Jahren, vor allem in seinem Konzept der Turing-Maschine und insbesondere in dem nichtentscheidbaren Halte-Problem, verborgen waren.

Die Fragen der „harten" Probleme stellten sich aber als noch komplizierter und grundsätzlicher heraus, als von ihren Zeitkomplexitäten her zu vermuten war. Die Bemühungen um effiziente Algorithmen mit polynomialen Zeitkomplexitäten für die harten Probleme führten zu der bis heute aktuellen Grundsatzfrage: NP = P ? Es konnte gezeigt werden, daß eine wichtige Unterklasse solcher harten, also NP-Probleme wechselseitig ineinander übergeführt werden können. Man spricht von der NP-Vollständigkeit dieser Probleme. Es mag besonders bemerkenswert erscheinen, daß das erste Problem, für das diese Eigenschaft der NP-Vollständigkeit bewiesen werden konnte, aus dem Gebiet der Booleschen Schaltalgebra stammt: Stephen Cook zeigte 1971, daß das sogenannte Erfüllbarkeitsproblem (*satisfiability problem*) der Booleschen Logik NP-vollständig ist:
Sei $B = f(x_1, x_2, \ldots, x_r)$ ein Boolescher Ausdruck in konjunktiver Normalform:

$$B = A_1 \wedge A_2 \wedge \ldots \wedge A_r ,$$
wobei
$$A_j = b_{j1} \vee b_{j2} \vee \ldots \vee b_{jn} ,$$

so ist für die Booleschen Variablen b_{jk} eine Belegung mit den Wahrheitswerten „wahr" bzw. „falsch" gesucht, so daß: B = „wahr".

Für keines der NP-vollständigen Probleme ist es bisher gelungen, eine untere Schranke für die Komplexität zu bestimmen (wie sie etwa bei der Multiplikation vollbesetzter Matrizen $C = A \times B$ mit $O(N^2)$ gegeben ist, da ja auf jeden Fall N^2 Elemente von C bestimmt werden müssen), so daß der Status der NP-Probleme unklar ist. Gelänge es nun, für eines dieser NP-vollständigen Probleme einen effizienten Lösungsalgorithmus mit polynomialer Zeitkomplexität zu finden, so gehörten schlagartig alle diese Probleme zur Komplexitätsklasse P, und die Zuversicht, daß sich die Frage NP = P ? schließlich positiv beantworten ließe, wäre berechtigt gewesen. Doch diese Frage ist offen und, wie der Internationale Mathematiker-Kongreß im September 1998 in Berlin gezeigt hat, wissenschaftlich wohl aktueller denn je! Die Algorithmik hat mittlerweile eine sehr differenzierte Hierarchie solcher Komplexitätsklassen aufgestellt, die den Parallelismus einschließt (Bild 7). Die Bedeutung der Kommunikationskomplexität für die rechnerseitige Umsetzung der Algorithmen bleibt dabei zunächst weitgehend unberücksichtigt. Die theoretische Suche nach effizienten parallelen Algorithmen konzentriert sich vorrangig auf Probleme in „Nick's Class", für die parallele Algorithmen mit Zeitkomplexitäten der Form $T(N) = O((\log N)^k)$ entworfen werden können, wobei die Zahl der einzusetzenden parallelen Prozessoren nicht gleichzeitig

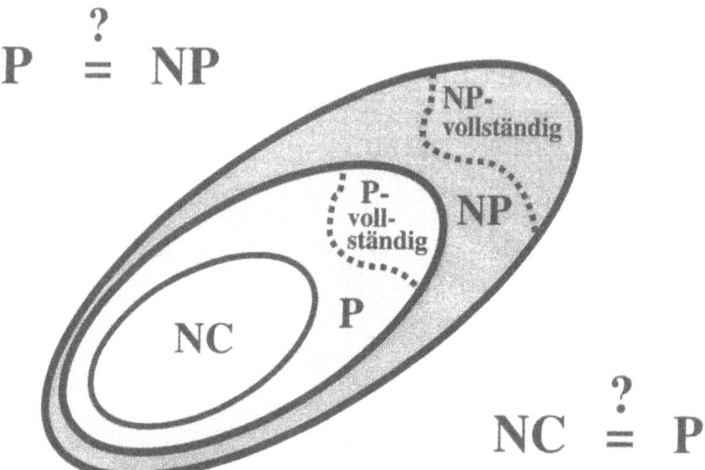

Abb. 7: Hierarchie und Äquivalenzfragen zu Komplexitätsklassen im Church-Turing-Berechnungsmodell

exponentiell, sondern nur polynomial anwächst: $P(N) = O(N^r)$, eine Situation, wie sie für die Fourier-Transformation erzielt werden konnte.

So stellt sich auch für die Komplexitätsklasse P die Frage, ob sich für alle Probleme aus P parallele Algorithmen finden lassen oder ob es inhärent sequentielle Probleme gibt, die sich gegen den Parallelismus sperren. Daraus definiert sich die P-Vollständigkeit und die zugehörige Klasse der P-vollständigen Probleme (Bild 7). Doch auch diese Frage ist offen: NC = P?

3.2 Die Turing-Maschine: Berechnungsmodell und Entscheidbarkeit

Als außerordentlich fruchtbare theoretische und belastbare analytische Grundlage für die Komplexitätstheorie hat sich das 1936 vorgestellte Modell der Turing-Maschine [43, 44] als Konzeption der Berechnung und somit des Computers erwiesen, und alle wesentlichen Berechnungsmodelle, die gleichzeitig oder nach der Publikation von Alan Turing entworfen wurden, erwiesen sich als äquivalent (Bild 8). Es ist eine erstaunliche Tatsache, daß dieses einfache TM-Konstrukt eines „Automaten" im Grunde vom Monoprozessor bis zum Parallelrechner trägt: Die Turing-Maschine kann alle mit ihrem Berechnungsmodell simulieren; sie ist in diesem Sinne universell. Eine Turing-Maschine besteht dabei (1) aus einem endlichen Eingabealphabet Σ von

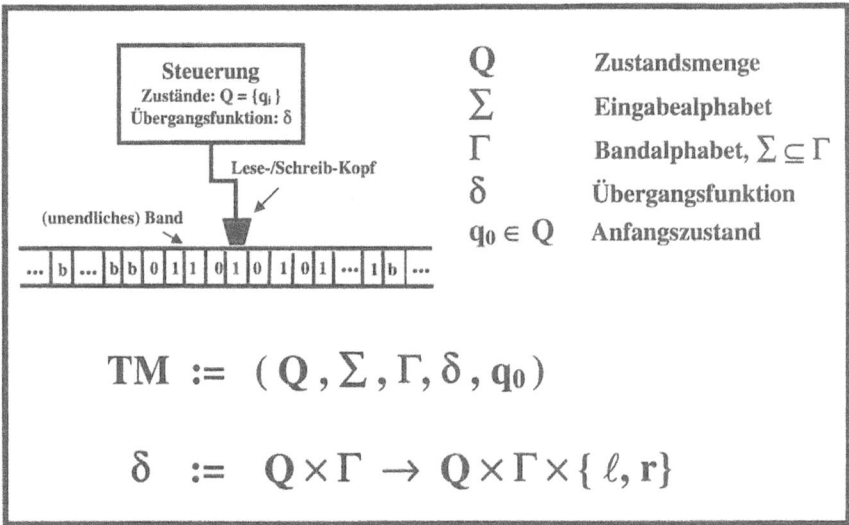

Abb. 8: Die Turing-Maschine als universelles Computer-Modell

Symbolen eines Bandalphabetes $\Gamma : \Sigma \subseteq \Gamma$, (2) einer endlichen Menge von Zuständen Q mit einem Anfangszustand $q_0 \in Q$, (3) einem unendlichen Band mit unendlich vielen hintereinander angeordneten Zellen für je ein Symbol, (4) einem mobilen Lese- und Schreibkopf, der sich jeweils einen Platz nach rechts (*r*) oder links (*l*) bewegen kann, und (5) einer Übergangsfunktion δ, aus der sich mit Q und Γ ein Übergangsdiagramm erstellen läßt.

Eine Turing-Maschine entspricht so einem Computer mit einem bestimmten Programm; die Hardware ist das Band und der Lese-/Schreibkopf, die Software ist die Übergangsfunktion mit den Daten – z. B. in binär codierter Form – auf dem Band. Zu jedem im Rahmen des seit Turing und Church gültigen Berechnungsmodelles sinnvollen Programm läßt sich eine Turing-Maschine konstruieren. Die Turing-Maschine ist damit äquivalent zu dem entsprechenden Algorithmus; sie konkretisiert und operationalisiert damit den vorher vagen Begriff des Algorithmus und kann daher zur Analyse des Verhaltens des Algorithmus im Sinne der Komplexitätstheorie verwendet werden.

Das Turing-Modell führte andererseits schnell zu den Grenzen der Berechenbarkeit. Es stellte sich nämlich heraus, daß die Frage, ob eine Turing-Maschine bei der Simulation eines Programmes – und damit die Durchführung des Programmes selbst – zum Halten kommen wird, nicht beantwortet werden kann; diese Frage ist also nicht entscheidbar. Dieses Problem läßt sich zurückführen auf die Feststellung, daß es Funktionen gibt, die nicht berechenbar sind. Das kann man durch Abzählen einsehen: Es gibt nur abzählbar viele Algorithmen, denn alle Algorithmen werden jeweils durch eine endliche Beschreibung auf der Grundlage eines endlichen Alphabetes dargestellt. Die Menge aller möglichen Darstellungen von Algorithmen ist daher abzählbar. Andererseits gibt es aber überabzählbar viele Funktionen f: M→N, falls M und N unendliche Mengen sind. Folglich muß es Funktionen geben, die nicht berechenbar sind. Nichtberechenbare Funktionen können durch kein Verfahren, und das heißt: durch kein Programm, auf einem Computer nachvollzogen werden.

So gibt es beispielsweise kein Programm, das als Eingabe andere Programme erhält und daran überprüft, ob diese für alle Eingaben anhalten. Desgleichen gibt es kein Programm, das als Eingabe zwei andere Programme erhält und entscheidet, ob die beiden Programme dasselbe leisten, d. h. dieselbe Funktion berechnen. Das Halte-Problem erwies sich als ein erster Repräsentant einer inzwischen stattlichen Reihe solcher mit dem Computer nicht entscheidbarer Probleme.

Es muß dazu festgestellt werden, daß Parallelrechner bei nichtentscheidbaren Problemen nicht weiterhelfen; denn gäbe es einen parallelen Algorithmus, der ein sequentiell nicht entscheidbares Problem löste, so ließe sich dieser parallele Algorithmus auf einem sequentiellen Rechnermodell mit einem polynomialen zeitlichen Mehraufwand simulieren und lieferte so einen sequentiellen Algorithmus für die Lösung des vorher nicht entscheidbaren Problemes, was zum Widerspruch führt. Diese Grenzen des Computers lassen sich an einem einfachen Beispiel aufzeigen: Nehmen wir an, die Ausgabeeinheit des Computers bestehe aus einer einzigen Signallampe, die aufleuchtet, wenn der Computer „Nein", und die erlischt, wenn der Computer „Ja" antwortet. Wird dem Computer die Frage gestellt: „Leuchtet die Lampe?", so zeigt sich das Entscheidungsdilemma unmittelbar (wie auch in der entgegengesetzten Konstellation).

Von dieser einfachen Konfiguration gelangt man zu einem tiefgehenden Komplexitätsbegriff, der gleichzeitig im Verbund mit dem Berechnungsmodell der Turing-Maschine das Potential für ein algorithmisch zugängliches Konzept der Information birgt: zur Kolmogorov-Komplexität (oder Kolmogorov-Chaitin-Komplexität) [45–47]: Sei x eine Liste, z. B. x = (5, 3, 11, ..., 12), und ihre Binärcodierung x = (0010100 ... 01100). Die Länge des (gleichfalls als Bitkette dargestellten) kürzesten Programmes, das die Sequenz x berechnen kann, heißt: Kolmogorov-Komplexität $K(x)$. Daraus läßt sich eine Turing-Maschine entwerfen, die dem Programm entspricht. Es läßt sich unmittelbar einsehen, daß für ein Computermodell eine Sequenz, deren Kolmogorov-Komplexität größer ist als die des Computers selbst, nicht entscheidbar ist.

Von hier aus reichen die Probleme mit den Grenzen des Computers, genau genommen des seitdem gültigen Church-Turing-Berechnungsmodelles, hinüber zu dem gravierenden, im 20. Jahrhundert nach der Einsteinschen Relativitätstheorie und der Heisenbergschen Quantenmechanik einen weiteren Umsturz im wissenschaftlichen Weltbild auslösenden Gödelschen Theorem aus dem Jahre 1931 über die Unvollständigkeit logischer Systeme, nach dem wahre Aussagen nicht als wahr bewiesen werden können [6, 47, 48], was André Weil zu dem Ausspruch verführte [49]: „Gott existiert, weil die Mathematik konsistent ist, und der Teufel, da wir es nicht beweisen können".

4. Jenseits der Grenzen

Die Entwicklung der Halbleitertechnik verläuft seit Jahrzehnten exponentiell nach Moore's Law: Seit Mitte der 70er Jahre wuchs die Kapazität der Speicher-Chips um mehr als das 60.000-fache, die Taktfrequenz der Prozessoren um das 300-fache. Die fortgesetzte Miniaturisierung (Zahl der Transistoren pro Chip, Zahl der Atome pro Bit, Energiedissipation pro Logikoperation) weist aus, daß die „Quanten-Grenze" bald, d. h. zwischen 2010 und 2020 erreicht werden wird, ab der sich die elektronischen Komponenten nicht mehr „klassisch" verhalten. Die weitere Entwicklung des Computers und seine inhärente Funktionsweise werden dann durch die Gesetze der Quantenmechanik bestimmt sein [50].

Die Möglichkeiten des Computers in seiner Diversität und das mit Algorithmen sinnvoll Berechenbare werden durch die Church-Turing-These, und das heißt: durch das Modell der Turing-Maschine, erfaßt. Die aus der Komplexitätstheorie und Algorithmik der letzten Jahrzehnte gewonnenen Ergebnisse über das Potential und die Grenzen des allgegenwärtigen Computers gründen auf dem Church-Turing-Modell der Berechenbarkeit. Dies bedeutet nicht, daß es nicht andere Modelle geben könnte, die noch weiter tragen. Dabei muß auch festgehalten werden, daß das bisherige Berechenbarkeitsmodell und die Komplexitätstheorie im Grunde Algorithmen betrachten, die auf endlichen Symbolketten aus einem endlichen Alphabet operieren, also auf Darstellungen diskreter Objekte wie ganze Zahlen oder algebraische Ausdrücke; sie können aber de facto keine reellen oder komplexen Zahlen allgemein exakt darstellen, sondern nur in gerundeter Form, woraus wiederum diskrete Objekte werden. Das klassische Berechnungsmodell wird deshalb der Berechnung im Raum der reellen Zahlen nicht angemessen gerecht. Neue Entwicklungen versuchen, dieses Defizit durch Erweiterung des Berechnungsmodelles mit einer umfassenderen Komplexitätstheorie zu tilgen [51].

Alle sinnvollen, d. h. mit dem auch intuitiven Begriff des Algorithmus verträglichen Computer-Modelle einschließlich der Parallelrechner haben sich als mit der Turing-Maschine darstellbar erwiesen. Die darauf fußende Komplexitätstheorie hat eine große Vielfalt von Klassen hervorgebracht, in die die Berechnungsprobleme nach ihren Ressourcenanforderungen (Zeit, Speicherplatz; im Parallelen: Prozessorzahl und Kommunikationsaufwand) als Funktion der Problemgröße (ein geeignetes Maß für das Eingabedatenvolumen) eingeordnet werden. Für sehr viele Berechnungsprobleme ist es bisher nicht gelungen, effiziente, d. h. in der Zeit nur polynomial von der Problemgröße abhängende und so in die Klasse P gehörende Algorithmen zu finden. Die für nichtpolynomial, in der Regel (hyper)exponentiell abhängige Probleme der Klasse NP gefundenen Algorithmen überschreiten für realistische Problemgrößen die Leistungsfähigkeit des Computers; sie gelten daher als nicht behandelbar (*intractable*).

Eine große Unterklasse von NP wurde seit 1971 – Satisfiability-Problem (Stephen Cook) – als wechselseitig äquivalent NP-vollständig erkannt. Für die harten Probleme konnten bislang auch keine unteren Schranken für den zeitlichen Berechnungsaufwand, die Zeitkomplexität, gefunden werden. Ihr Zustand ist somit unklar. Wenn es gelänge, für eines der NP-vollständigen Probleme einen polynomialen Algorithmus zu finden, so ließen sich alle diese Probleme polynomial effizient lösen. Die Frage NP = P ? ist daher ein aktuelles Forschungsproblem, für die aber stark gemutmaßt wird, daß sie innerhalb des Church-Turing-Berechnungsmodelles schließlich doch mit „nein" beantwortet werden müsse.

Die technologischen Grenzen der „klassischen" Mikroelektronik und die Einschränkungen der Church-Turing-These haben mit Beginn der 80er Jahre zu theoretischen Analysen und technologischen Forschungen für den Entwurf des „Quantencomputers" und der notwendigen, durch die Quantenmechanik bestimmten Bauelemente geführt. Die in der Literatur zunehmenden Artikel über Prinzipien und Potentiale des Quantencomputers [52–55] knüpfen zwar an die Tradition der „mathematischen" Maschinen an; mit ihren Perspektiven und Spekulationen über die Aufhebung des seit Turing bestehenden Modells der Berechenbarkeit und seiner strengen Grenzen stehen sie aber gleichwohl noch in der Nähe der Utopie. Sie zeigen jedoch, daß die Zukunft des Computers und des Computing noch spannender werden kann als seine Vergangenheit.

Dabei stehen insbesondere mögliche Erweiterungen des bisherigen Berechnungsmodells und die damit erwachsenden Perspektiven für leistungsfähigere Algorithmen im Vordergrund bis hin zu der Frage, ob mit einem Quantencomputer die im Turing-Modell NP-vollständigen Probleme effizient, d. h.

mit polynomial abhängigen Algorithmen gelöst werden könnten. Während die technischen Realisierungsmöglichkeiten noch weit offen sind, konnten für einige Probleme, die bisher als hart galten (z. B. Primzahlfaktorisierung), polynomiale Algorithmen entworfen werden; auch konnten schon für andere Probleme gegenüber dem Turing-Modell leistungsfähigere Algorithmen entwickelt werden. Auf die Frage NP = P ? gibt es aber im Quantencomputer-Modell vorerst wohl nur widersprüchliche Aussagen. Der Entwurf des Quantencomputers und erst recht seine Verwirklichung ist somit eine Vision, die große Herausforderungen im nächsten Jahrhundert an die Interdisziplinarität stellen wird, denn der Quantencomputer wird mehr noch als die „mathematische" Maschine des 20. Jahrhunderts zuvorderst eine „physikalische" Maschine sein!

Literatur

[1] von Neumann, John: Entwicklung und Ausnutzung neuerer mathematischer Maschinen, Collected Works, Vol. V, p. 248–287
[2] Macrae, N.: John von Neumann, Pantheon Books, New York, 1992, p. 267
[3] Aspray, W.: John von Neumann and the Origins of Modern Computing, MIT Press, 1990
[4] URL: www.fz-juelich.de/nic; John von Neumann-Institut für Computing, Informationsbroschüre, Herausgeber: NIC-Direktorium, Forschungszentrum Jülich, 1998
[5] von Neumann, John: Collected Works, Vol. I–VI
[6] Dawson, J. W. jr.: Kurt Gödel: Leben und Werk, Computerkultur Band XI, Springer-Verlag, Wien, 1999
[7] Hodges, A.: Alan Turing, Enigma, Kammerer & Unverzagt, Berlin, 1989
[8] Risen, Adam: Rechenbuch, Nachdruck, Satyr-Verlag, Brensbach, 1995
[9] von Neumann, J., and Goldstine, H.H., in: Collected Works Vol. V, p. 1–32
[10] Burks, A.W., Goldstine, H.H., and von Neumann, J., Collected Works, Vol. V, p. 34–79
[11] Goldstine. H. H., and von Neumann, J., Collected Works, Vol. V, p. 80–151
[12] Goldstine, H. H., and von Neumann, J., Collected Works, Vol. V, p. 152–214
[13] Goldstine, H. H., and von Neumann, J., Collected Works, Vol. V, p. 215–235
[14] Wieder, A. W.: Mikroelektronik quo vadis?, Siemens-Zeitschrift Special FuE, Frühjahr 1996, S. 1–5
[15] Meieran, E. S.: Kostensenkung in der Chip-Fertigung, ibid., S. 6–10
[16] Luther, K., und Graml, B.: Kooperative Speicherentwicklung – der Königsweg zu neuen Technologien, ibid., S. 11–14
[17] Herbst, H. et al.: Herausforderungen an den IC-Entwurf der Zukunft, ibid., S. 15–18
[18] Bemelmans, J., Hildebrandt, S., und von Wahl, W., in: G. Fischer et al. (Hrsg.): Ein Jahrhundert Mathematik 1890–1990, Festschrift zum Jubiläum der DMV. Dokumente zur Geschichte der Mathematik Bd. 6, Deutsche Mathematiker-Vereinigung, Friedr. Vieweg & Sohn, Braunschweig/Wiesbaden, 1990
[19] Birkhoff, G.: SIAM Review 25(1983), 1–34
[20] Nash, S. G. (ed.): A History of Scientific Computing, ACM Press, New York; Addison-Wesley, Reading/Mass., 1990

[21] Hoßfeld, F.: Partielle Differentialgleichungen: Die permanente Herausforderung, in: Nagel, W. E. (Hrsg.): Partielle Differentialgleichungen, Numerik und Anwendungen. Manuskripte der Vorlesungen der Sommerschule vom 2. bis 6. September 1996 im Forschungszentrum Jülich, Konferenzen des Forschungszentrums Jülich Bd. 18, 1996, S. 1–9 (siehe auch andere Beiträge in diesem Band)
[22] Rice, J. R.: IEEE Computational Science & Engineering 1(1994), 13
[23] Smarr, L.; Smith, Ph. L.; Reed, D. A., et al.; Stevens, R., et al.; Kennedy, K., et al.; McRae, G. J.; Ostriker, J. P., and Norman, M. L.: Comm. ACM 40(1997), No. 11, 28–32; 35–37; 39–48; 51–60; 63–72; 75–83; 85–94
[24] ASCI: www.llnl.gov/asci
[25] ASCI-Pathforward: www.llnl.gov/asci-pathforward
[26] HPCMP: www.hpcm.dren.net
[27] Wilkinson, J. H., J. ACM 18(1971), 137
[28] Committee on Physical, Mathematical, and Engineering Sciences, Federal Coordinating Council for Science, Engineering, and Technology: Grand Challenges 1993: High Performance Computing and Communications, The FY 1993 U.S. Research and Development Program. Office of Science and Technology Policy, Washington, 1992.
[29] Hwang, K.: Advanced Computer Architecture: Parallelism, Scalability, Programmability. McGraw-Hill, New York, 1993
[30] Hossfeld, F., and Nagel, W. E.: Per Aspera ad Astra: On the Way to Parallel Processing, in: H. W. Meuer (Hrsg.): Supercomputer 1995, Anwendungen, Architekturen, Trends. FOKUS – Praxis Information und Kommunikation Bd. 13, K. G. Saur, München, 1995, S. 246–259
[31] Khokhar, A. A., et al.: IEEE Computer 26(1993), No. 6, 18–27
[32] EITO '98, European Information Technology Observatory, EU, Brüssel, 1998
[33] Dongarra, J. J. et al.: TOP500 Supercomputer Sites, 13th Edition, University of Mannheim, RUM 58/99, and University of Tennessee, UT-CS-99-425, June 10, 1999
[34] Hossfeld, F.: Teraflops Computing: A Challenge to Parallel Numerics?, in: P. Zinterhof, M. Vajtersic, and A. Uhl (eds.), Parallel Computation, Proceedings 4th International ACPC Conference, Salzburg, Austria, February 1999, Lecture Notes in Computer Science Vol. 1575, Springer-Verlag, Berlin, 1999, p. 1–12
[35] Greenlaw, R., and Hoover, H. J.: Fundamentals of the Theory of Computation – Principles and Practice, Morgan Kaufmann Publishers, San Francisco, 1998
[36] Berman, K. A., and Paul, J. L.: Fundamentals of Sequential and Parallel Algorithms, PWS Publishing Company, Boston, 1997
[37] Brigham, O. E.: The Fast Fourier Transform and Its Applications, Prentice-Hall, Englewood Cliffs, 1988
[38] Hackbusch, W.: Multi-Grid Methods and Applications, Springer, Berlin, 1985
[39] König, D.: Theorie der endlichen und unendlichen Graphen – Mit einer Abhandlung von L. Euler, Teubner-Archiv der Mathematik Band 6, B. G. Teubner Verlagsgesellschaft, Leipzig, 1986
[40] Skiena, S. S.: The Algorithm Design Manual. Springer-Verlag, New York, 1998
[41] Moret, B. M. E., and Shapiro, H. D.: Algorithms from P to NP, Volume I: Design & Efficiency, Benjamin/Cummings Publishing Company, Redwood City, 1991
[42] Pearl, J.: Heuristics – Intelligent Search Strategies for Computer Problem Solving, Addison-Wesley Publishing Company, Reading/Mass., 1984
[43] Sipser, M.: Introduction to the Theory of Computation, PWS Publishing Company, Boston, 1997
[44] Papadimitriou, C. H.: Computational Complexity, Addison-Wesley Publishing Company, Reading/Mass., 1995
[45] Li, M., and Vitányi, P.: An Introduction to Kolmogorov Complexity and Its Applications, Second Edition, Springer-Verlag, New York, 1997
[46] Hotz, G.: Algorithmische Informationstheorie, Teubner-Texte zur Informatik Band 25, B. G. Teubner Verlagsgesellschaft, Stuttgart, 1997

[47] Chaitin, G. J.: The Limits of Mathematics, Springer-Verlag, Singapore, 1998
[48] Wang, Hao: Reflections on Kurt Gödel, MIT Press, Cambridge, MA., 1988
[49] Singh, S.: Fermats Letzter Satz, Carl HanserVerlag, 1998, S. 175
[50] Muller, D. A., et al.: Science **399** (1999), 758
[51] Blum, L., et al.: Complexity and Real Computation. Springer-Verlag, New York, 1998
[52] Williams, C. P., and Clearwater, S. H.: Explorations in Quantum Computing, Springer-Verlag, New York, 1998
[53] Williams, C. P. (ed.): Quantum Computing and Quantum Communications, Proceedings First NASA International Conference QCQC'98, Palm Springs, February 1998 (Selected Papers), Lecture Notes in Computer Science Vol. 1509, Springer-Verlag, Berlin, 1999
[54] Hirvansalo, M.: On Quantum Computation, TUCS Technical Report No. 111, Turku Centre for Computer Science, Finland, 1997
[55] Special Section on Quantum Computation (with contributions by L. M. Adleman, A. Barenco, C. H. Bennett, E. Bernstein, A. Berthiaume, G. Brassard, J. Demarrais, D. Deutsch, Ekert, M. D. A. Huang, R. Jozsa, C. Macchiavello, P. W. Shor, D. R. Simon, U. Vazirani), SIAM J. Computing **26**(1997), No. 5 (October), 1409–1557

Veröffentlichungen
der Nordrhein-Westfälischen Akademie der Wissenschaften

Neuerscheinungen 1993 bis 2000

Vorträge N
Heft Nr.

NATUR-, INGENIEUR- UND
WIRTSCHAFTSWISSENSCHAFTEN

401	Gerhard Heimann, Aachen	Medikamentöse Therapie im Kindesalter
	Egon Macher, Münster/Westf.	Die Haut als immunologisch aktives Organ
402	Konstantin-Alexander Hossmann, Köln	Mechanismen der ischämischen Hirnschädigung
	Herrmann M. Bolt, Dortmund	Zur Voraussagbarkeit toxikologischer Wirkungen: Kanzerogenität von Alkenen
403	Volker Weidemann, Kiel	Endstadien der Sternentwicklung
	Alfred Müller, Erlangen	Quantenmechanische Rotationsanregungen in Kristallen
404	Matthias Kreck, Mainz	Positive Krümmung und Topologie
405	Benno Parthier, Halle	Problemfelder der zusammengefügten deutschen Wissenschaftslandschaft
	Erhard Hornbogen, Bochum	Kreislauf der Werkstoffe
406	Hubert Markl, Konstanz, Berlin	Wissenschaftliche Eliten und wissenschaftliche Verantwortung in der industriellen Massengesellschaft
407	Joachim Trümper, Garching	Was der Röntgensatellit ROSAT entdeckte
	Dietrich Neumann, Köln	Ökologische Probleme im Rheinstrom
408	Wilfried Werner, Bonn	Recycling biogener Siedlungsabfälle in der Landwirtschaft
409	Holger W. Jannasch, Woods Hole MA	Neuartige Lebensformen an den Thermalquellen der Tiefsee
410	Hartmut Zabel, Bochum	Epitaxielle Schichten: Neue Strukturen und Phasenübergänge
	Eckart Kneller, Bochum	Der Austauschfeder-Magnet: Ein neues Materialprinzip für Permanentmagnete
411	Brigitte M. Jockusch, Braunschweig	Architekturelemente tierischer Zellen
412	Alfred Fettweis, Bochum	Numerische Integration partieller Differentialgleichungen mit Hilfe diskreter passiver dynamischer Systeme
413	Ernst Bayer, Tübingen	Theorie und Praxis der Niedertemperaturkonvertierung zur Rezyklisierung von Abfällen
	Hansjörg Sinn, Hamburg	Wertstoff- und Energie-Rückgewinnung aus hochkalorigen Abfallstoffen wie Altreifen und Kunststoff-Schrott
414	Wolfgang Priester, Bonn	Über den Ursprung des Universums: Das Problem der Singularität
415	Wilhelm Stoffel, Köln	Serendipity: Eine neue Glutamat-Neurotransmitter-Transporter-Familie und ihre pathogenetische Bedeutung
416	Dieter Richter, Jülich	Viskoelastizität und mikroskopische Bewegung in dichten Polymersystemen
417	Hans Mohr, Freiburg	Waldschäden in Mitteleuropa – was steckt dahinter?
418	Matthias Mertmann, Bochum	Greifmechanismus aus neuen Verbundwerkstoffen mit Zweiweg-Formgedächtnis
	Wolfgang Gärtner, Mülheim a. d. Ruhr	Die Funktion biologischer photosensorischer Pigmente
419	Fritz Vögtle, Bonn	Neue Catenane und Rotaxane in der Supramolekularen Chemie
	Andreas Stork, Jülich	Windkanalanlage zur Bestimmung der gasförmigen Verluste von Umweltchemikalien aus dem System Boden/Pflanze unter feldnahen Bedingungen
	Heinrich Ostendarp, Aachen	Entwicklung neuer Bildaufzeichnungs- und Auswertungstechniken für die holografische Interferometrie
420	Martin Jansen, Bonn	Wege zu Festkörpern jenseits der thermodynamischen Stabilität
421	Hans-Werner Sinn, München	Volkswirtschaftliche Probleme der Deutschen Vereinigung
422	Konrad Sandhoff, Bonn	Glykolipide der Zelloberfläche und die Pathobiochemie der Zelle
423	Hanns Weiss, Düsseldorf	Die mitochondrialen Atmungsketten-Komplexe: Funktion und Fehlfunktion bei neurodegenerativen Erkrankungen
424	Klaus Hahlbrock, Köln	Krankheitsresistenz bei Pflanzen. Von der Grundlagenforschung zu modernen Züchtungsmethoden

425	Wolfgang Krätschmer, Heidelberg	Fullerene und Fullerite – neue Formen des Kohlenstoffs
	Manfred Thumm, Karlsruhe	Gyrotrons – Moderne Quellen für Millimeterwellen höchster Leistung
426	Hans Elsässer, Heidelberg	Neue Wege und Ziele astronomischer Forschung
427	Manfred T. Reetz, Mülheim an der Ruhr	Größenselektive Synthese von Nanostrukturierten Metall-Clustern
	Heinz Mehlhorn, Düsseldorf	Parasiten: Ihre Bedeutung heute
428	Günter Spur, Berlin	Innovation, Arbeit und Umwelt – Leitbilder künftiger industrieller Produktion
	Rainer Jaenicke, Regensburg	Strukturbildung und Stabilität von Eiweißmolekülen
429	Ulrich Dilthey, Aachen	Technischer Einsatz von Personal Computern (PC) am Beispiel der Schweißtechnik
	Helmuth Steinmetz, Düsseldorf	Zerebrale Links-Rechts-Asymmetrie: Struktur, Funktion, Entstehung
	Alois Fürstner, Mülheim an der Ruhr	Metallaktivierung am Beispiel Titan: Von den morphologischen Grundlagen zu Anwendungen in der Wirkstoffsynthese
430	Hartwig Höcker, Aachen	Implantatwerkstoffe – Versuche zur Erzielung von Biokompatibilität
	Rolf Chini, Bochum	Die Bildung von Planeten in zirkumstellaren Scheiben
431	Dietrich Uebing, Stuttgart	Sicherheitstechnik, Umweltschutz und Ressourcenschonung
	Wolfgang Mathis, Wuppertal	Die begrifflichen Grundlagen der Netzwerk- und Systemtheorie
432	Jörg Baetge, Münster	Empirische Methoden zur Früherkennung von Unternehmenskrisen
433	Klaus Knizia, Herdecke	Schöpferische Zerstörung = zerstörte Schöpfung? Die Industriegesellschaft und die Diskussion der Energiefrage
434	Ekkehard Schulz, Duisburg	Innovation bei der Stahltechnologie
	Peter Neumann, Düsseldorf	Das Entwicklungspotential von Stählen
435	Carl Christian von Weizsäcker, Köln	Wirtschaftliche Effizienz und gerechte Verteilung
	Hans-Jürgen Haubrich, Aachen	Aspekte zentraler und dezentraler Stromerzeugung im europäischen Verbundsystem
436	Hans Müller, Jena	Ein periodisches System für Metall-Cluster
437	Urs Schweizer, Bonn	Der dritte Hauptsatz der Wohlfahrtstheorie
	Helmut Lütkepohl, Bonn	Stabilität der Geldnachfrage in der Bundesrepublik Deutschland
438	Kurt Kugeler, Jülich	Die sicherheitstechnischen Prinzipien der Kerntechnik
	Harald Günther, Siegen	Stand und Zukunft der magnetischen Kernresonanzmethoden
439	Hans Wolfgang Spiess, Mainz	Dynamische Phänomene in Festkörpern und Polymeren
	Walter Leitner, Mülheim/Ruhr	Chemische Synthese in überkritischem Kohlendioxid: Die „bessere Lösung"?
440	Ernst Th. Rietschel, Borstel	Bakterielle Endotoxine
	Franz Ulrich Hartl, Martinsried	Proteinfaltung in der Zelle
441	Herbert Palme, Köln	Meteorite und die Bildung der inneren Planeten des Sonnensystems
	Stefan H. Kaufmann, Berlin	Immunität und Infektion
442	Ernst Helmstädter, Münster	Gerechtigkeit und Fairneß in Wirtschaft und Gesellschaft
	Wolfram F. Richter, Dortmund	Entstaatlichungspotentiale im Hochschulbereich
443	Hartmut Löwen, Düsseldorf	Theorie der kolloidalen Systeme
	Wolfgang Marquardt, Aachen	Modellgestützte Entwicklung verfahrenstechnischer Prozesse
444	Hans Walter Staudte, Würselen	Computergestützte Operationsplanung und -technik in der Orthopädie mit CT-abgeleiteten individuellen Bearbeitungsschablonen
445	Wolfgang Lerche, Genf	Recent Developments in String Theory
446	Michael Teuber, Zürich	Gentechnik für Lebensmittel und Zusatzstoffe – Leben mit der Gentechnik
	Ludger Honnefelder, Bonn	Novel Food – Zu den ethischen Aspekten der gentechnischen Veränderung von Lebensmitteln
447	Walter Schaffner, Zürich	Wie werden unsere Gene ein- und ausgeschaltet?
	Otto Spaniol, Aachen	Mobilfunk und Sicherheit – (Wie) Passt das zusammen?
448	Friedel H. W. Hoßfeld, Jülich	Komplexität und Berechenbarkeit: Über die Möglichkeiten und Grenzen des Computers
449	Thomas Ruzicka, Düsseldorf	Entzündungsreaktionen der Haut: Von der Pathophysiologie zu neuen Therapieansätzen

GPSR Compliance
The European Union's (EU) General Product Safety Regulation (GPSR) is a set
of rules that requires consumer products to be safe and our obligations to
ensure this.

If you have any concerns about our products, you can contact us on

ProductSafety@springernature.com

In case Publisher is established outside the EU, the EU authorized
representative is:

Springer Nature Customer Service Center GmbH
Europaplatz 3
69115 Heidelberg, Germany

www.ingramcontent.com/pod-product-compliance
Ingram Content Group UK Ltd.
Pitfield, Milton Keynes, MK11 3LW, UK
UKHW022233230426
12048UKWH00017BA/1229